Judith Bernet

Gravitative Massenbewegungen

GRIN Verlag

Bibliografische Information der Deutschen Nationalbibliothek:

Die Deutsche Bibliothek verzeichnet diese Publikation in der Deutschen National-
bibliografie; detaillierte bibliografische Daten sind im Internet über http://dnb.d-
nb.de/ abrufbar.

Impressum:

Copyright © 2006 GRIN Verlag GmbH
Druck und Bindung: Books on Demand GmbH, Norderstedt Germany
ISBN: 978-3-640-65969-2

Dieses Buch bei GRIN:

http://www.grin.com/de/e-book/61872/gravitative-massenbewegungen

Gravitative Massenbewegungen

JOHANNES GUTENBERG-UNIVERSITÄT MAINZ
Geographisches Institut
Einführungsübung Physische Geographie II: Geomorphologie
SS 06, Donnerstag: 10.15h – 11.45h

Geographie: Diplom, 2.Semester

Inhaltsverzeichnis   Seite

1. EINLEITUNG

Lawinen, Steinrutsche, Schlammlawinen: Seit Menschengedenken sind sie ein aktuelles Thema. Ob in Indonesien, auf den Philippinen oder hier in Europa, für den Menschen sind diese Veränderungen des Reliefs eine Gefahr, so dass man versucht herauszufinden, wo die Ursachen liegen, und wie man sie verhindern kann. Obwohl viele Faktoren eine Rolle spielen, gibt es eine Kraft, die immer vorhanden ist: die Schwerkraft. Einfluss nehmend auf alles, was sich auf diesem Planeten befindet, ist sie von großer Wichtigkeit. Die folgende Hausarbeit beschäftigt sich mit der Formbildung und Formveränderung des Reliefs durch gravitative Prozesse, d.h. mit der Frage, wie sich Massen aufgrund der Gravitation bewegen.

2. Definition Gravitative Massenbewegungen

Als gravitative Massenbewegungen werden „alle Bewegungen von gleitendem, rutschendem und stürzendem Boden-, Hangschutt und Gesteinsmaterial unter ausschließlichem Einfluss der Schwerkraft (…)" (LESER [13]2005: 541) „die auf schwach geneigten bis steilen Hängen (…) erfolgen" (ZEPP [3]2004: 99), bezeichnet. Die Schwerkraft wirkt hierbei unmittelbar auf das Material und transportiert es abwärts. (ZEPP [3]2004: 99, BREMER 1989: 279).

3. Physikalische Grundlagen

Um gravitative Massenbewegungen zu verstehen, muss man sich mit den beteiligten physikalischen Größen vertraut machen, da es sich insgesamt um physikalische Vorgänge handelt. In den folgenden Abschnitten werden die wichtigsten Größen vorgestellt.

3.1 Gravitation

Gravitation, oder Schwerkraft, ist prinzipiell „die Anziehungskraft, die verschiedene Massen aufeinander ausüben" (LESER [13]2005: 315). Für diese Arbeit soll gelten, dass Gravitation die Anziehungskraft, die die Erde ausübt, bezeichnet. Diese richtet sich vertikal in Richtung des Erdmittelpunkts (AHNERT 1996: 121).

3.2. Hangstabilität

Wie stabil oder instabil ein Hang oder eine Wand ist, ab wann also Massenbewegungen einsetzen, ist abhängig von folgenden Faktoren:

a) Gewichtskraft: Sie unterliegt der Gravitation, wirkt also in Richtung Erdmittelpunkt.

b) Auflagerkraft: Oben liegende Bodenteilchen „übergeben" ihr Gewicht an die darunter liegenden (ZEPP [3]2004: 101).

c) Steilheit des Hanges: Je steiler der Hang oder die Wand ist, desto stärker finden gravitative Massenbewegungen statt (LESER [8]2003: 202).

d) Rauigkeit des Materials: Je rauer das Material ist, desto größer ist die sog. innere Reibung, da das Material kantiger ist, während rundere Körner sich nicht ineinander verhaken. Je mehr sich die Körnchen ineinander verkeilen, desto stabiler ist der Hang. Ab wann eine Massenbewegung trotz der Rauigkeit des Materials einsetzt, sagt der Reibungswinkel aus (siehe dazu Tab.1).

e) Ko- und Adhäsionskräfte: Diese beschreiben den Zusammenhalt zwischen Körnchen des gleichen (Kohäsion) bzw. verschiedenen Materials (Adhäsion): je geringer diese Kräfte sind, desto leichter entstehen Massenbewegungen (siehe Abb.1) (ZEPP [3]2004: 102).

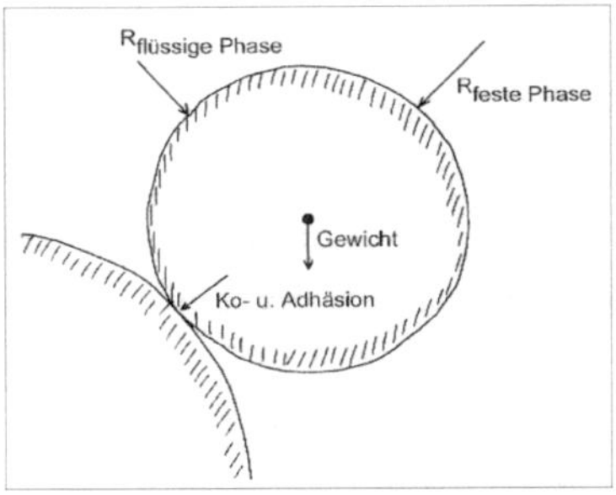

Abb.1: Kräfte, die auf ein Bodenteilchen wirken
ZEPP [3]2004: 101

Tab. 1: Repräsentative Werte des Reibungswinkels
AHNERT 1996: 122

Material	Φ [Grad]	
	lose	dicht
Schluffiger Sand	27–33	30–34
Rundkörniger Sand mit einheitlicher Korngröße	27.5	34
Eckiger (scharfer) Sand	33	45
Sandiger Kies	35	50

Stabil sind Hänge dann, wenn die oben genannten Kräfte, die auf die einzelnen Bodenteilchen einwirken, im Gleichgewicht stehen. Um Massen in Bewegung zu setzen, müssen die sog. treibenden Kräfte einen Schwellenwert der haltenden Kräfte überschreiten. Die treibenden

4

Kräfte - hangparallel abwärts wirkend - werden zusammenfassend als **Scherspannung** bezeichnet (ZEPP ³2004: 100-102). Dieser Schwellenwert wird **Grenzschubspannung** oder **Grenzscherspannung** genannt. Sie ist vom Zusammenspiel der oben genannten Faktoren abhängig. Diese Grenzscherspannung wird durch das **Coulomb´sche Gesetz** ausgedrückt. Es sagt aus, dass bei gleich bleibenden Materialeigenschaften (Körnchenart und -größe, Rauhigkeit und Kohäsion) die entscheidende Größe die Schwerkraft ist, denn sie bestimmt die Druckspannung, also ab wann ein Hang steil genug ist, damit die Masse in Bewegung gerät (AHNERT 1996: 122).

3.3. Denudation

Massenbewegungen tragen normalerweise flächenhaft ab. Die Wirkung dieser flächenhaften Abtragung nennt man **Denudation** (LESER ⁸2003: 202). Von Denudationsprozessen spricht man generell bei Gesteinsmaterialtransport.

4. Massenbewegungsarten

Generell lassen sich, wie in Abb. 2 dargestellt, folgende vier „Grundbewegungsarten", abhängig von der Feuchtigkeit des Materials und der Schnelligkeit des Prozesses, unterscheiden:

- Stürzen (Sturzdenudation)
- Versatz (Versatzdenudation)
- Gleiten, Rutschen
- Fließen (Muren, Gelifluktion)

(ZEPP ³2004: 100).

Abb. 2: Typisierung der Massenbewegungen
ZEPP ³2004: 100

4.1. Stürzen

Für diese Bewegungsart charakteristisch ist die hohe Geschwindigkeit, mit der die Bewegung erfolgt: Normalerweise dauert sie nicht länger als Sekunden. Außerdem können Geschwindigkeiten von mehreren 100 km pro Stunde erreicht werden. Stürze finden an Steilhängen von mehr als 25° Neigung statt (GASSER, W., M.A. ZÖBISCH 1988: 32): Durch Verwitterungsprozesse gelockert, stürzen Gesteinsteile von der Wand; je nach Größe spricht

5

man von Grus, Steinen, Steinblöcken etc. Ein Sturz lässt sich in folgende Einzelbewegungen unterteilen: 1) vertikaler, freier Fall; 2) Hüpfen; 3) An- und Abprallen; 4) Rollen (GASSER, W., M.A. ZÖBISCH 1988: 32). Es lassen sich unterscheiden: a) Blocksturz, Steinschlag: Hier stürzt ein einzelner Steinblock aus der Wand; b) Felssturz (siehe Abb. 3): Dabei stürzt ein ganzer Fels, also viel mehr Material; c) Bergsturz: Hier handelt es sich um eine großflächigere Reliefveränderung, die nur im Hochgebirgsrelief vorkommt. Bei einem Bergsturz redet man von Tonnen Material, das bewegt wird. Die Übergänge zwischen den Sturzarten sind fließend. Für eine Sturzbewegung ist kein Wassergehalt des Materials nötig. Ausgelöst wird sie durch Verwitterungsprozesse wie etwa Frost

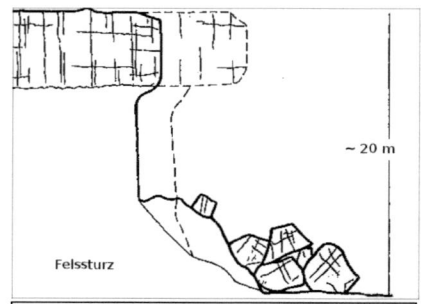

Abb. 3: Beispiel für gravitative Massen bewegungen: Felssturz. LESER [8]2003: 206

Vorhandensein von Schwächezonen, die z.B. durch Erdbeben entstehen. Je nach Schwächung der Hangstabilität reicht ein „recht unscheinbares" Ereignis" (AHNERT 1996: 125) aus, um eine Sturzdenudation auszulösen. Die Freifläche, die bei einem Sturz entsteht, nennt man **Abrissnische**; sie hat eine charakteristische Gestalt, nämlich meist eine glatte Rückwand und eine „bogenförmig gewölbte, überhängende obere Begrenzung, [das] **Abrissgewölbe**" (AHNERT 1996: 126) (siehe Abb. 3). Die abgestürzten Gesteinsmassen, die bis zu hunderten von Metern stürzen können, werden als **Akkumulationsformen** bezeichnet, oder auch **Tomalandschaft**. Durch die Reliefveränderungen aufgrund der Akkulumationsformen bei Fels- oder Bergstürzen können Flüsse, Bäche oder Stauseen entstehen, die später überlaufen oder als Seen bestehen bleiben, wie z.B. der Eibsee nördlich der Zugspitze. Beim Herabsturz

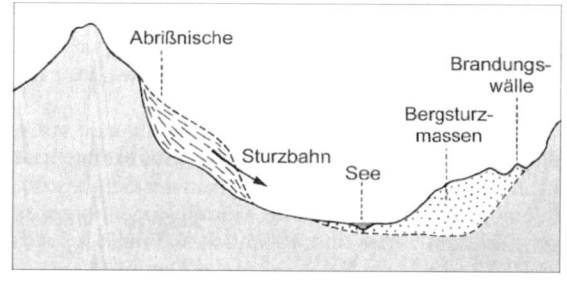

Abb. 4: Schema eines Bergrutsches. ZEPP [3]2004: 104

bilden die Gesteinsmassen sog. Schutthalden. Diese haben einen typischen Winkel welcher zwischen 25°-35° beträgt und eine charakteristische Sortierung: je gröber die Gesteinsteile sind, desto weiter am Fuß der Schutthalde kommen sie zum Liegen, während kleinere Steine schon im oberen Abschnitt der Schutthalde liegen bleiben, wie man in Abb. 4 erkennen kann. Betrachtet man diese Sortierung, kann man auf den ersten Blick Schutthalden von Sturzdenudationen von fluvialen Sedimentablagerungen unterscheiden, denn diesen liegen genau anders herum: die gröberen Teile bleiben als erstes liegen, während kleinere, leichtere Gesteine weiter transportiert werden. (AHNERT 1996: 125-127; LESER [8]2003: 207-209; ZEPP [3]2004: 103,104).

4.2.Versatzdenudation

Hierbei handelt es sich um einen sehr langsamen Abtragungsprozess. Man spricht auch von **Bodenkriechen**: man kann eine kontinuierliche, langsame Kriechbewegung des Materials des oberflächennahen Untergrundes mit einer konstant anwachsender Deformation (KARRENBERG et.al. 1963: 13) beobachten. Anders als bei der Sturzdenudation sind die Transportdistanzen hier sehr kurz und es erfolgt eine nur „geringmächtige und mäßig flächenhafte" Abtragung (LESER [8]2003: 214). Mit dem bloßen Auge lässt sich das Bodenkriechen nicht beobachten, nur anhand von Messungen über längeren Zeitraum hinweg und an der Vegetation kann man die Versatzdenudation erkennen. (ZEPP [3]2004: 106). Die Vegetation bildet an einem Hang mit Versatzdenudation charakteristische Formen aus, auf die hier aber nicht näher eingegangen werden soll. Ursachen für Versatzdenudation sind abwechselnde Expansion und Kontraktion, also Volumenvergrößerung und -verkleinerung des Materials. Diese treten aufgrund von schwankendem Wassergehalt auf: abwechselnde Durchfeuchtung und Austrocknung (Schrumpfung), die zu Ausdehnung führen. Auch Temperaturschwankungen verursachen Expansion und Kontraktion. Eine Rolle spielt dabei auch der Tongehalt des Materials, da je nach Tontyp - quellfähig oder nichtquellfähig – die Wasseraufnahmekapazität verschieden ist.

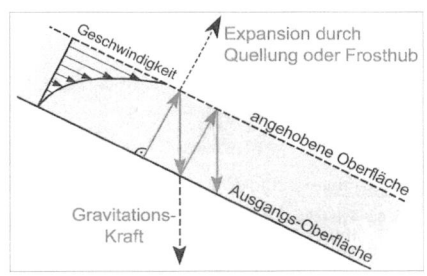

Abb. 5: Prinzipskizze zur Versatzdenudation
ZEPP [3]2004: 105

Bei der Kontraktion, die auf die Expansion folgt, kehren die Partikel nicht in ihre Ausgangslage zurück, sondern werden von der Schwerkraft beeinflusst und somit abwärts transportiert. In Abb. 5 wird dieser sich wiederholende Vorgang anhand der roten Pfeile dargestellt: man kann die Abwärtsbewegung erkennen. (AHNERT 1996: 134,135; ZEPP ³2004: 105,106).

4.3. Gleitdenudation: Rutschungen

Nach dem Wörterbuch Allgemeine Geographie ist eine Rutschung „eine gravitative Massenbewegung von Lockergesteinen und/oder Böden an durchfeuchteten Hängen, die aus wasseraufnahmefähigen, meist feinkörnigen Substraten bestehen, die schließlich einen Instabilitätszustand erreichen" (LESER [13]2005:780f.). Die durchfeuchteten Hänge fungieren als Gleitfläche, auf der die Bergrutschmasse sich unter weitgehend unverändertem Materialzusammenhalt - d.h. die Lage ändert sich im Gegensatz zu Versatz- und Sturzdenudation nicht - in einem gleitenden Abgang hangabwärts bewegt. Die Gleitflächen sind hauptsächlich aus wasserdurchlässigem Ton, an denen die Grenzscherspannung überschritten wird. Rutschungen können schnell oder langsam stattfinden. Man unterscheidet zwischen Bergrutschung, deren Geschwindigkeit geringer als die des Bergsturzes ist, sowie Felsrutschung und Erdrutschung. Wie bei der Sturzdenudation gibt es auch hier ein **Abrissgebiet**, von welchem die Bergrutschmasse weggleitet, eine **Bewegungszone**, in der die Rutschung stattfindet, und ein **Akkumulationsgebiet**, in der die Masse liegen bleibt. Damit eine Gleitdenudation stattfinden kann, muss eine Gleitfähigkeit gegeben sein, die durch den Wassergehalt geregelt wird und das rutschende Material muss Lockergestein oder wechsellagerndes Sedimentgestein sein. (LESER [8]2003: 213; ZEPP ³2004: 106,107).

4.4. Fließen (Muren, Gelifluktion)

Fließungen können von sehr langsam bis enorm schnell vor sich gehen. Nach GASSER, ZÖBISCH (1988: 35) „handelt es sich hierbei um ein langsames bis schnelles Fließen des Oberbodens auf einer wasserundurchlässigen Schicht". Begünstigt wird diese Massenbewegung durch wenig oder gar keinen Pflanzen- und Baumbewuchs. Durch überdurchschnittliche Wasseraufnahme wird die Fließgrenze überschritten, so dass das Material in Form von flüssiger Suspension in Bewegung gerät. Ist das feinerdige Material vollständig wassergesättigt, so spricht man von Durchtränkungs- oder Übersättigungsfließen. Eine wichtige Form des Fließens sind **Muren**. Diese Schlammströme bestehen aus Fels, Schotter und Erde; den größten Anteil bildet Schlamm, der als Transportmaterial dient. Muren fließen „schubweise" abwärts, was man Murschübe nennt (ZEPP ³2004: 107). Besonders geeignet zur Murenbildung sind Ton- und Mergelflächen, da diese durch ihre hohe

Wasserspeicherkapazität eine gute Gleitfläche bilden. Vorraussetzungen zur Murenbildung sind: 1. es ist genügend Schutt mit einem ausreichenden Anteil an Feinmaterial als Akkumulation vorhanden; 2. das Gefälle ist steil genug; 3. folgende Witterungsverhältnisse: stoßweise, große Wasserzufuhr durch Schmelzwasser oder Starkregen (AHNERT 1996: 131). Wenn die Masse ausreichend Wasser während der Fließung verloren hat, oder wenn die Neigung des Hanges geringer wird, verlangsamt sich die Mure und kommt schließlich zum Stillstand. Auf ihrem Weg kann eine Mure bis zu mehr als 80 km/h erreichen. Auch Fließungen von Aschematerial von Vulkanausbrüchen werden Muren genannt (GASSER, ZÖBISCH 1988: 37). Eine weitere wichtige Fließungsart ist die **Gelifluktion**. Durch das Auftauen des Bodens in Periglazialgebieten wird der obere Boden wassergesättigt. Wie am Anfang des Kapitels beschrieben, spricht man bei Fließungen vollständig wassergesättigtem Materials von Durchtränkungsfließen, welches in diesem Fall Gelifluktion genannt wird (ZEPP ³2004: 108). Zusammen mit der „frostbedingte langsame Versatzdenudation" wird Gelifluktion unter dem Oberbegriff Solifluktion zusammengefasst. (ZEPP ³2004: 108).

5. Schlussbemerkung

In der vorliegenden Hausarbeit wird zwischen Sturzdenudation, Versatzdenudation, Denudation durch Rutschen und Gleiten und Fließungen unterschieden. Diese Einteilung erfolgt aufgrund der Beobachtung, wie schnell der Prozess vor sich geht und wie hoch der Wassergehalt ist. Dies ist eine grobe Einteilung und soll als Überblick dienen, als Einstieg in ein Thema, dessen Prozesse teilweise immense Auswirkungen auf den Menschen haben, und das so von großer Bedeutung ist.

Quelle Titelblatt: Greenpeace Deutschland, Greenpeace Gruppe Aachen:
http://gruppen.greenpeace.de/aachen/wald-fotos-waldsterben.html (05.07.2006)
Literaturverzeichnis

AHNERT, F. (1996): Einführung in die Geomorphologie. Stuttgart.

BREMER, H. (1989): Allgemeine Geomorphologie. Methodik – Grundvorstellung – Ausblick auf den Landschaftshaushalt. Berlin und Stuttgart.

GASSER, W., M.A. ZÖBISCH (1988): Erdrutschungen und Maßnahmen der Hangsicherung. Ein Überblick. In: Gesamthochschule Kassel [Hrsg.]: Der Tropenlandwirt. Zeitschrift für die Landwirtschaft in den Tropen und Subtropen, Beiheft Nr. 37. Kassel.

KARRENBERG, H., H. KÜHN-VELTEN, H. SCHELLHORN et.al. (1963): Geologische und bodenmechanische Ursachen von Rutschungen, Gleitungen und Bodenfließen. In: MEYERS, F. [Hrsg.]: Forschungsberichte der Landes Nordrhein-Westfalen, Nr. 1138. Köln und Opladen.

LESER, H. (^{8}2003): Geomorphologie. Braunschweig.

LESER, H. [Hrsg.] (^{13}2005): Wörterbuch Allgemeine Geographie. München.

ZEPP, H. (^{3}2004): Geomorphologie. Paderborn.